非标准建筑笔记

Non-Standard
Architecture Note

非标准学校
当代复合式学校建筑"非常规构想"
Unconventional Idea of
School

丛书主编　赵劲松

边彩霞　编　著

中国水利水电出版社
www.waterpub.com.cn
·北京·

关于《非标准建筑笔记》

这是我们工作室《非标准建筑笔记》系列丛书的第三辑，一共八本。如果说编辑这八本书遵循了什么共同原则的话，我觉得那可能就是"超越边界"。

有人说："世界上最早意识到水的一定不是鱼。"我们很多时候也会因为对一些先入为主的观念习以为常而意识不到事物边界的存在。但边界却无时无刻不在潜移默化地影响着我们的行为和判断。

费孝通先生曾用"文化自觉"一词讨论"自觉"对于文化发展的重要意义。我觉得"自觉"这个词对于设计来讲也同样重要。当大多数人在做设计时无意识地遵循着约定俗成的认知时，总有一些人会自觉到设计边界的局限，从而问一句"为什么一定要是这个样子呢？"于是他们再次回到原点去重新思考边界的含义。建筑设计中的创新往往就是这样产生出来的。许多创新并不是推倒重来，而是寻找合适的契机去改变人们观察和评价事物的角度，从而在大家不经意的地方获得重新整合资源的机遇。

我们工作室起名叫非标准建筑，也是希望能够对事物标准的边界保持一点清醒和反思，时刻提醒自己世界上没有什么概念是理所当然的。

在丛书即将付梓之际，衷心感谢中国水利水电出版社的李亮分社长、杨薇编辑以及出版社各位同仁对本书出版所付出的辛勤努力；衷心感谢各建筑网站提供的丰富资料，使我们足不出户就能领略世界各地的优秀设计；衷心感谢所有关心和帮助过我们的朋友们。

天津大学建筑学院

非标准建筑工作室

赵劲松

2017 年 4 月 18 日

前 言
FOREWORD

当今信息社会多元化使教育建筑逐渐呈现出一些综合性、复合化的需求。一方面，受到外部环境的影响，有时需要在极为有限的用地条件下建设一个满足多种功能需求的教育建筑，或者需要通过一个多功能集聚的教育建筑形成社区的核心，或者需要通过建筑更好地实现先进的教育理念……这一系列的外在因素对教育建筑提出了客观的需求。

另一方面，教育建筑又有自身发展的需求。手机、计算机等学习工具的普及以及无线网络的遍布，使学习和教育模式向开放化、自由化转变。学习的场所也不断扩大。当今社会多元化发展，教育界过去强调学科精细化现在已转变为鼓励学科跨界融合发展。

以上种种现象表明，教育综合体的复合化设计正成为未来教育建筑的一种有效的设计方法。

所谓复合化设计，是指不同性质、不同功能的建筑空间优化组合，在保证各自独立性的同时具有相互之间的内在联系。这种复合不单纯是一种数量的累积，重点表现为一种效益的提升，复合的结果大于每一个复合之前单独部分的效益。

教育综合体中呈现以下复合化特征：

（1）整体性。用系统性思维进行功能重组和整合，各功能既有独立性，又有关联性。

（2）兼容性。主要指多种活动可以在同一个空间内开展。这种兼容性主要体现在空间和时间两个方面。

（3）共享性。复合化设计正是通过多中心或是多层次的设计手法使更多功能空间共同享有公共资源。

边彩霞

2017 年 2 月

目　录
CONTENTS

01

通过"功能集聚"实现宏观复合

设计教育综合体经常会遇到这种情况：场地面积有限，但是需求的功能必须具备。解决途径是通过功能集聚来提高土地利用率，或是通过功能集聚来激活原有建筑，改变以往独立分散的交往模式，实现功能的效益最大化。对建筑自身来讲，功能之间的相互集聚复合，使建筑综合体的容纳性更强。在集中的建筑体内部实现多种功能的转换，既有效节省来回运动于不同地点之间的时间与精力，同时也会激发一些不同的行为体验，增加了空间活动的丰富性。

1. 教学功能与教学功能集聚复合

教学功能与教学功能集聚复合，指的是运用某种设计手法将常规的、分散独立的教学功能集聚到同一个建筑体量中。

设计策略为：首先，明确各功能体块的功能本质；其次，准确区分这个功能体的可变与不可变部分；再次，在具有不同本质的功能体之间寻找相互关联的可能性；最后，设计相关空间的切换模式。

2. 教学功能与环境集聚复合

教学功能与环境集聚复合，基本都是以环境的限制作为设计创新的出发点，运用不同的设计对策得到一个相同的结果——建筑与环境不是孤立存在的，而是一个整体。

设计策略主要在于重点先分析环境，找出利弊关系，可以通过建筑继续发扬环境的优势，也可以利用建筑进一步解决环境中的劣势。其中，对原有的资源利用越充分，建筑的创新性就越突出。

创建多层垂直地面

项目名称：中国北京四中房山校区
建筑设计：OPEN 建筑事务所
图片来源：http://www.goood.hk ·

在设计北京四中房山校区时，建筑师以创造更多的自然、开放的空间作为设计出发点。由于场地空间有限，建筑师在垂直方向上创建了多层地面，以增加学生活动的场所。第一层地面是大体量的公共功能空间的屋顶，凸出于水平地面，高度不同，被设计成起伏开放的景观园林式的"地面"；第二层地面是教学楼的屋顶，它被设计成有机农场，为学生们提供实验田。

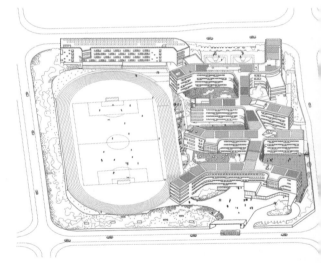

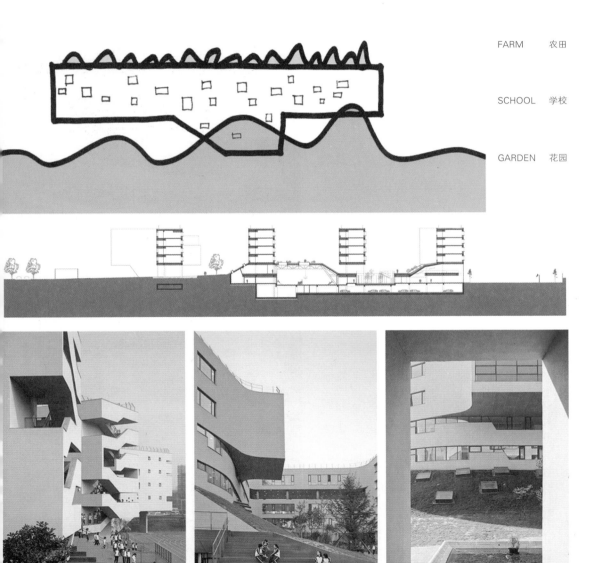

FARM　农田

SCHOOL　学校

GARDEN　花园

放置在屋顶上的活动场

项目名称：法国波比尼综合学校
建筑设计：Mikou 设计工作室
图片来源：http://www.designboom.com

　　该学校的活动场地被设置在整个功能体块的屋顶上。由于周围用地较为紧凑，且建筑功能需求多样，为保证良好的自然采光以及学生安全，建筑围绕一个椭圆形的内院呈退台式布局。幼儿园和小学均设于建筑之中，因各自需要独立的室外活动场地，建筑师将建筑首层的内部庭院作为幼儿园的活动场地，而小学的活动场地则设计在位于二层的屋顶平台上。这种将活动场功能与教学功能进行体块叠加、复合的做法，有效地节约了用地，并充分利用了建筑的第五立面，形成一个复合的综合体。

放置在屋顶上的活动场

项目名称：法国巴黎布洛涅 – 比扬古镇小学与运动大厅
建筑设计：Chartier-Dalix 建筑事务所
图片来源：http://archgo.com/index.php

该建筑将活动场地放置在屋顶上，提供了多层活动空间，有效地提高了土地利用率。建筑师在体育馆的一侧布置了多层教学空间——上层是幼儿园，下层是小学。教学空间各自独立，师生们可以共享体育馆。最后，建筑师运用一个模拟绿色生态的屋顶，将学校统一为一个整体，并赋予建筑流动的外观形态。

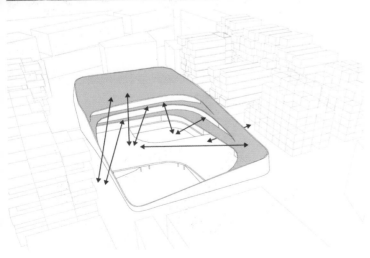

放置在楼顶的体育场

项目名称：中国浙江省天台县赤城街道第二小学
建筑设计：零壹城市建筑事务所
图片来源：http://photo.zhulong.com

天台县赤城街道第二小学的 200m 环形跑道，被设计在 4 层教学建筑的屋顶上。将体育场与教学建筑叠加复合的设计概念也是缘于极为有限的用地面积。如果把跑道、篮球场和排球场设在首层地面，就要占用 41% 的建筑用地面积，余下的场地对于建造教学建筑来讲就太少了。而将 200m 标准跑道放置在屋顶上，既有效利用了用地、满足了教学需求，还获得了额外的公共空间。

设计过程

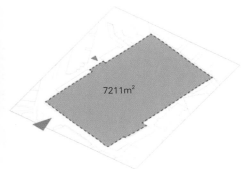

设计地块面积为 7211m²，北面和西面分别有一条小巷连接

如果在场地建设 200m 跑道、篮球场和排球场，运动设备就占用了 41% 的场地空间

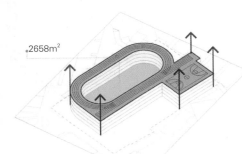

以 200m 环形跑道、100m 直线跑道以及篮球场轮廓垂直升起四层体块，再将跑道置于屋顶，形成一个 2658m² 且具有围合感的活动场地

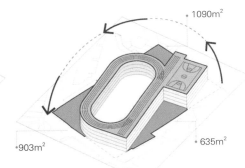

体块旋转令场地产生了三个广场，其中两个分别连接北面和西北面的入口，另一个在南面

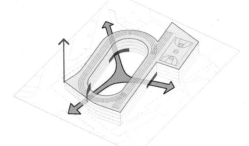

体块在西北方向设计了一个两层高的斜顶空间作为主入口，在北面开了一层高的空间作为次入口并连通活动场地和南广场。地面层开放空间的连续性和空间感因此变得更强

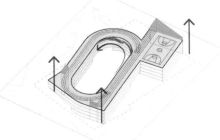

连接地面与屋顶运动场的交通通道有四条，即三部电梯和一部楼梯

体育馆与中庭兼用

项目名称：比利时特殊教育小学
建筑设计：NL 建筑事务所
图片来源：http://www.nlarchitects.nl

比利时特殊教育小学的体育活动场地设于建筑的内部，与中庭合而为一。教学用房围绕体育馆呈环形布置，二者通过折叠的隔墙进行功能的区分。体育馆在使用期间，可折叠的墙体便被展开，围合成一个独立空间；当体育馆空闲时，折叠式隔墙便被收起，形成一个运动大厅，即整个建筑的公共活动中心。

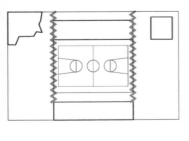
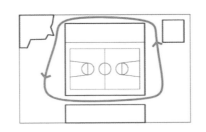
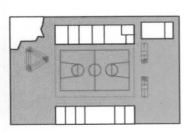
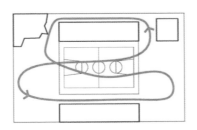
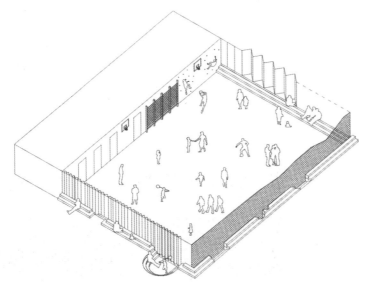

利用使用时间的差异定义空间

项目名称：挪威尼克罗恩堡学校（Ny Krohnborg School）
建筑设计：Cubus AS 建筑组、Rambøll Norge 建筑事务所
图片来源：http://www.archreport.com.cn

建筑师通过复合多种功能，将现有的学校与城市体育功能、文化艺术舞台、音乐设施以及社区咖啡厅进行整合，使学校成为所在区域的一个新的焦点。按照使用时间、教室被赋予不同功能：白天，这里是供学生上课的教室；晚上，学生放学后，这里是对社区居民开放的社区活动中心。此做法极大地提高了设施的利用率。

建筑屋顶被扩展成学校的活动场地，设置了多种运动设施，有效地扩充了学校的使用空间。

该建筑充分体现了同一空间在不同时间段被人们使用，所形成的不同空间功能。这就是空间的动态复合设计手法。

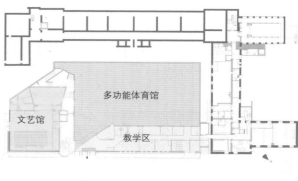

一个综合体就是一所学校

项目名称：美国纽约新学院中心大楼
建筑设计：SOM 建筑事务所
图片来源：http://www.archdaily.com

纽约新学院中心大楼是一座集聚多种功能的综合性大楼。该建筑共有 16 层，设有工作室、实验室、跨学科的教室、图书馆、800 座的礼堂、咖啡馆、宿舍以及供学生活动的多功能教学社区。大楼的 9~16 层为学生宿舍，1~3 层为礼堂，2 层为餐厅，7 层为图书馆，其他楼层分布着教室、实验室、工作室等学习空间。

该建筑改变了传统的大学环境，强调不同功能空间之间的联系。它将普通学校里水平的多栋建筑垂直地整合到一个建筑综合体内部，真可谓是一座大楼里的校园，一个综合体就是一所学校。

埋在地下的学校

项目名称：意大利汉娜·阿伦特地下学校
建筑设计：克莱格·克劳迪奥·卢卡及有关建筑师（Cleaa
　　　　　Claudio Lucchin & architetti associati）
图片来源：http://arch.liwai.com

　　在设计汉娜·阿伦特地下学校时，建筑师还同时面临着对学校周边古建筑加以保护的现实问题。委托方要求建筑师既不能改变周边古建筑，同时还要满足学校的多种使用功能需求。在此背景下，建筑师设计了一所地下学校。该建筑地下共有4层，深度近17m。建筑内部包含多个教室、工作室，还有一个花园和一个储藏间。教学空间围绕中庭垂直分布。中庭通过一个位于地面层的玻璃屋顶进行采光。靠近地面的两层因为离自然光源比较近，设置为教室，最下面两层考虑到光线的限制，设计了配有人工光源的工作室。建筑采用玻璃屋顶，为地下空间提供充足的采光。

埋在地下的学校

项目名称：校园谷——韩国首尔梨花女子大学校园
建筑设计：多米尼克·佩罗
图片来源：http://www.archdaily.com

为了保护高密度建筑环境中的公共绿地，韩国首尔梨花女子大学校园设计通过建筑消隐的手法，将大学的组织结构融入城市环境中。建筑的外形模仿自然，设计成一个供学生运动、休息、交流的"校园谷"。这里设有通往各个院系的入口，还有供学生们讨论、交流的广场。"校园谷"也是一个雕塑花园，是室内画廊的室外延伸，还可以作为一个阶梯形的室外剧场。该建筑设计不仅尊重了原有的地形、地貌，还进一步创造了新的地貌，正如佩罗自己所说，用景观来做建筑，把建筑作为景观。

折叠式建筑形态与地形相契合

项目名称：瑞士博索莱伊 13 级小学（13 Class Primary
　　　　　School in Beausoleil）
建筑设计：CAB 建筑事务所
图片来源：http://www.archdaily.cn

　　该建筑由于受到场地和建筑高度的限制，采用折叠形整体台阶式布局，操场被布置在屋顶平台上；建筑的侧面轮廓依自然地势逐级下降，并且严守了景观视线的高度限制；较大的开窗满足了室内采光的需求。

利用造型提供种植场地

项目名称：瑞典斯德哥尔摩绿色学校（Green School of Stockholm）
建筑设计：3XN 建筑事务所
图片来源：http://photo.zhulong.com

该建筑利用建筑造型为学生提供种植场地，学校采用新颖的教学模式，从种植到收获食物，增加学生的种植体验感。这栋建筑甚至为人们提供终生教育服务，设有幼儿园、高中、大学，甚至老年公寓。

利用屋顶模拟自然环境

项目名称：美国吉恩·莫林公立中学（Lycee Jean Moulin）
建筑设计：OFF 建筑事务所
图片来源：http://www.archdaily.com

　　建筑师将学校建筑与有高差的地形相融合，建筑屋顶模拟起伏的自然地形，从而将建筑嵌入景观地貌中，并使之消隐在环境之中。学校的功能用房随地形呈台阶状逐层上退，起伏的屋顶使建筑产生一种跟随地势起伏的动态效果。建筑在形态上模仿自然地形，与自然景观完美结合，为学生提供了一个优美而富有自然趣味的学习环境。

保留原有环境作为建筑的一部分

项目名称：荷兰阿珀尔多伦校区会议综合体
建筑设计：ADP 建筑事务所
图片来源：http://www.archdaily.com

阿珀尔多伦校区会议综合体设计把室外起伏的环境直接插入建筑内部，形成自然与人工环境强烈的对比。设计师将原有环境原生态地加以保留，并作为室内的一部分，使之成为建筑内部的景观雕塑。这种强烈的视觉对比，让使用者产生一种室内外混淆的感觉。

架空作为保护环境的一种手法

项目名称：中国香港岭南大学社区学院
建筑设计：王维仁建筑设计研究室
图片来源：http://www.jarchitecture.com

为了保留原有地形、草坡和原生树种，建筑师采用了架空与合院的手法来组织建筑。设计采用两层高的模块相互交错、叠加，形成不同高度的多进院落，每个院落保持 1~2 层的传统空间尺度。这种方式不仅解决了南方炎热潮湿环境下建筑通风和遮阳问题，而且为使用者提供了一种传统空间的现代体验——从相互交融的院子看周围景观，将产生一种视觉上的通透感。

同时，为了与地形起伏的周围环境相呼应，设计师在建筑的不同高度设置了多处露台。

学校亦公园，公园亦学校

项目名称：英国米兰博科尼大学校园规划
建筑设计：妹岛和世与西泽立卫建筑事务所（SANAA）
图片来源：http://news.zhulong.com

在博科尼大学校园规划设计中，SANAA尝试处理校园与城市间的公共关联性，通过体量配置和院落空间来反映当地的城市空间纹理。设计运用旋绕的环状建筑体量来界定校园内的虚实空间，透空、穿越性强烈的低楼层也维系了校园内部以及城市与校园间的公共开放性。

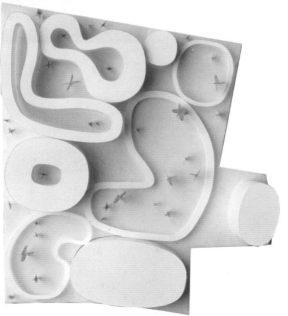

利用空中花园改善建筑形态

项目名称：中国香港理工大学社区学院
建筑设计：王维仁建筑设计研究室、AGC 设计
图片来源：http://www.archdaily.cn

该建筑设计试图探讨在一栋 20 层高的垂直校园中，如何突破传统塔楼形态，在高层建筑中加入户外空间和空中花园平台。有别于传统教学楼以电梯核为中心设一圈走廊，沿走廊配置办公室 / 教室的典型布局，这栋教学楼的设计把四层楼作为一个体量模距，交错配置空中平台，主要步行路线则沿着四个户外平台盘旋而上，并形成四个主要公共空间。建筑立面以交错叠迭的体块布局节奏忠实地反映了建筑师配置户外空间的设计逻辑。

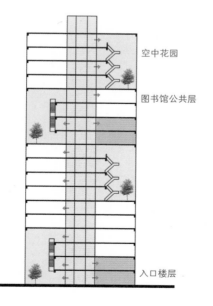

空中花园

图书馆公共层

入口楼层

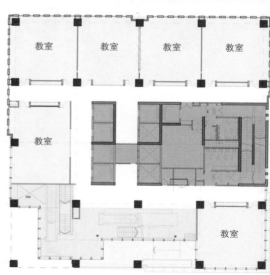

教室　教室　教室　教室

教室

教室

通过倾斜的屋顶创造活动平台

项目名称：山形幼儿园（Yamagata Kindergarten）
建筑设计：Rastvor Group 事务所
图片来源：http://photo.zhulong.com

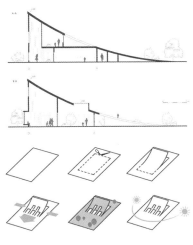

　　该建筑的屋顶与地面融为一体。倾斜的屋顶结构是这座建筑最大的特色，一方面，它使屋顶和地面的界限变得模糊；另一方面，它为教室提供更多的阳光。在幼儿园建筑的入口处，建筑屋顶急剧抬高。在街道上看这所幼儿园，它就像一部巨型滑梯。绿意盎然的屋顶给孩子们提供了一个开阔、连续的活动空间。

利用屋顶造型将建筑与城市基础设施结合

项目名称：瑞典应用科学大学校园
建筑设计：隈研吾
图片来源：http://www.archdaily.com

在瑞典应用科学大学校园设计中，为了克服项目场地因铁路扩张造成的城市屏障问题，隈研吾设计了曲折造型的建筑屋顶，并将屋顶与横跨铁路上方的人行天桥相结合，从而使城市基础设施与景观环境融合在一起。这种设计手法把校园建筑屋顶活动平台延伸至城市公共空间中，体现了建筑对外部环境的开放。屋面造型与当地建筑层层叠叠的屋顶协调统一。折叠状的屋面提供不同高程的室外活动平台，形成一种循环的活动空间。

由于网络和社交方式的发生，我们的聚居地不再由单一、连续的围合空间组成，而是更加零碎和分散。

——威廉·J.米切尔

我的兴趣在于体验建筑空间和零碎的整合。

——伊东丰雄

通过"功能碎化"实现微观复合

    传统教学模式要求学校建筑有明确的功能分区，相似或相近的功能要集中位于一个区，但是由于互联网的发展以及人们社交方式的改变，这种严格分区的方法便显现出了弊端——行为单一，阻碍人们的学习和交往。把功能"碎化"分解，不仅能有效削弱功能集中的大体量给人的压迫感，而且可以使功能空间更为灵活。功能碎化，就是把某一功能化整为散，把位于同一个位置的一个功能变成位于不同位置的多个相同性质的小功能。分解后的这些功能再重新加以组合，可形成一种新的更具综合性的空间。

通过教室位置错动进行功能扩展

项目名称：中国天津张家窝镇小学
建筑设计：直向建筑
图片来源：http://www.vectorarchitects.com

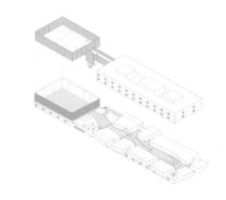

　　该建筑设计运用了"碎化"教室功能的策略，把教室分解成小单元，并通过单元空间的交错布局，产生功能扩展场所，形成多个多功能空间，为学生提供课外活动空间。

　　为了加强学生的活动空间体验，建筑师在首层和三四层之间设计了一个以坡道相连的共享交流平台。坡道从中庭开始并延伸至室外，与位于南侧的绿色屋顶平台连通，成为连接教学空间和景观空间的中心枢纽。

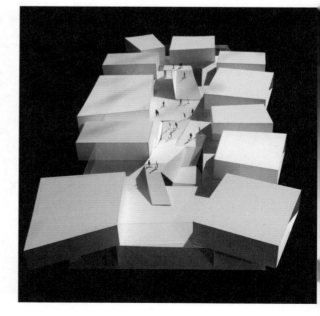

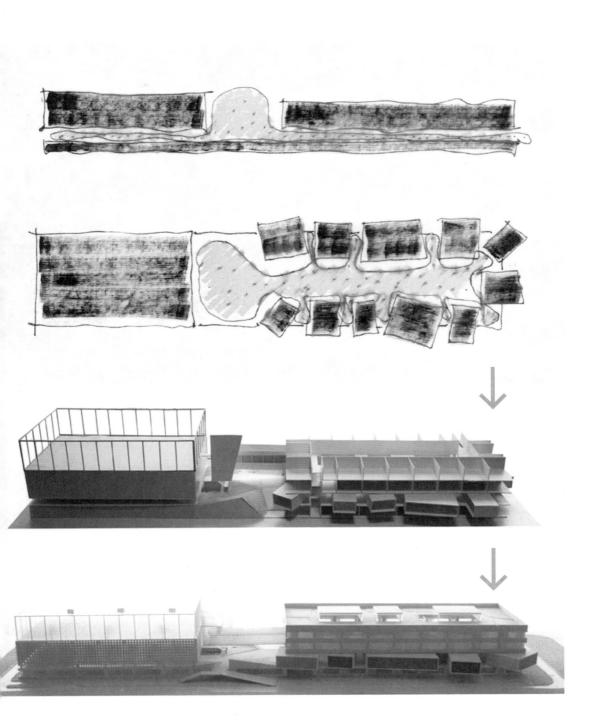

运用剧场模式组织教学空间

项目名称：英国米兰博科尼大学校园整体规划
建筑设计：大都会建筑事务所（OMA）
图片来源：http://www.archdaily.com

大都会建筑事务所设计的博科尼大学校园规划方案运用了剧场的空间模式来组织教学空间。这一方案的优点在于：第一，借鉴剧场的围合形式，在建筑内部形成一个中心广场，有利于师生的相互交流；第二，建筑底层架空，有效地减少了建筑占地面积，释放更多的地面空间供师生开展活动，架空层则成为连接中心广场和建筑外围环境的通道；第三，利用剧场逐层升起的阶梯组织教室空间，创造了一个不同高差层叠错动的室外活动平台，既有利于内外空间的视线交流，也可丰富人的空间体验。

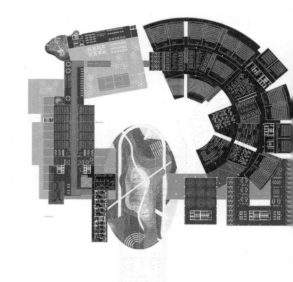

运用层叠的楼板营造空间层次

项目名称：以色列耶路撒冷比扎莱尔（Bezalel）艺术与设计学院新教学楼
建筑设计：妹岛和世与西泽立卫建筑事务所（SANAA）、Nir –Kutz 建筑事务所
图片来源：http://photo.zhulong.com

比扎莱尔艺术与设计学院新教学楼的设计以一系列层叠的平行厚板为特色，不仅与周围的地形、地理和人文环境相呼应，还为学生学习、师生交流和作品展示活动提供了一连串的室外观景平台和多层次室内空间。

利用体育场模式组织教学空间

项目名称：秘鲁利马 UTEC 大学校园
建筑设计：格拉夫顿建筑事务所（Grafton Architects）
图片来源：http://www.graftonarchitects.ie

利马大学校园综合体设计利用体育场模式组织教学空间，使大学成为一个学习的舞台。

体育场建筑结构易形成两个不同的面，一个是连续规整的面，另一个是台阶状的面。台阶式布局的教室经"碎化"和错动布置，形成丰富、灵活的建筑形态，也削减了建筑的体量感。

台阶状布局可以保证每个教室有良好的视野和采光。建筑内部交通体系灵活、多样，进一步增强了教学空间的丰富性。

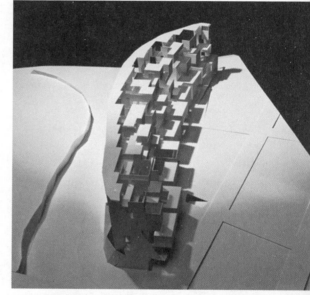

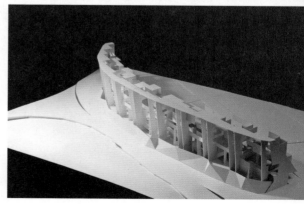

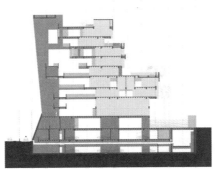

利用虚实关系产生建筑形态

项目名称：中国上海夏雨幼儿园
建筑设计：大舍建筑设计事务所
图片来源：http://www.deshaus.com

夏雨幼儿园的建筑设计利用体块的虚实关系产生建筑形态，同样是功能碎化策略。虚实关系主要表现在两个方面：其一，幼儿园教学用房和活动用房的布置没有采用常规行列式布局，而采取了自由的园林式布局，形成图与底的虚实关系；其二，在实体功能的上下层之间，建筑师特意设计了一个空隙，形成结构上脱离的视觉效果，产生垂直方向上的漂浮感，丰富了建筑的形态。

同时，建筑单元间采用错动式布局，人们可以从不同方向看到更多的建筑立面，观者的视觉感受将更为丰富。

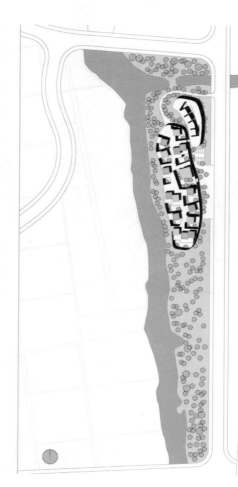

复合功能的教学空间

项目名称：美国洛雷恩郡社区学院
建筑设计：佐佐木事务所（Sasaki Associates）
图片来源：http://www.archdaily.com

　　该建筑设计将非正式学习功能转化为同一种功能的三种不同形式：第一种是位于教室尽端的大空间学习研究室，可在其中设置配有教学或办公设备的工作室，或开展较大规模的活动；第二种是位于建筑中央、用曲线型围护结构围合而成的开放型学习空间（平时也可用作开放式酒吧或咖啡厅），它与教室区通过一个狭长且不规则的中庭相连通；第三种是位于教室前面、由玻璃隔断围合的小型小组讨论研究室。

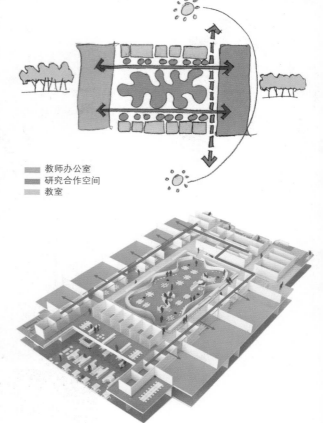

　教师办公室
　研究合作空间
　教室

具有复合功能的固定流线走廊

项目名称：丹麦技术大学计算科学学院
建筑设计：克里斯坦森设计事务所（Christensen & Co Architects）
图片来源：http://www.archdaily.com

该建筑设计把非正式学习功能"碎化"并分散，形成具有复合功能的走廊空间。在建筑内部，不同使用规模的教室交错排列，形成一个开放、功能多样的场所，可开展多种形式的学习研讨活动。

学习空间与走廊之间没有明确的界限，二者相互交融。界面材质有实有虚，虚实对比，使建筑内部空间显得通透、明亮。这种设计手法趋向于空间的单向流动。走廊串联两侧的多功能空间，变成具有复合功能的固定流线空间。路径的走向相对固定，但又隐含着秩序性和方向性。

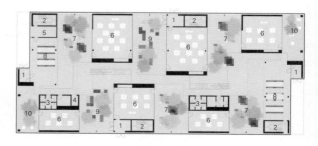

1—门厅；2—楼梯间；3—休息室；4—电梯；5—厨房；6—教室；7—小组讨论室；8—展示区；9—休闲空间；10—沉思空间

剖面图

具有复合功能的自由流线走廊

项目名称：日本兵库县幼儿园
建筑设计：Atelier Cube
图片来源：http://www.gooood.hk

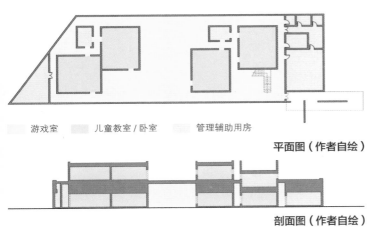

游戏室　　儿童教室 / 卧室　　管理辅助用房

平面图（作者自绘）

剖面图（作者自绘）

　　兵库县幼儿园提倡以儿童为中心，倡导自由的教学理念，这也是建筑空间设计的指导思想。建筑师把有特定功能要求的教室、卧室分散地设置在建筑中心位置，其余空间则自然地形成一个多功能交通厅，供师生们自由、灵活地使用。为了强调公共空间的重要性，建筑师将其设于功能实体的外围，这样还可以获得更好的自然采光。零碎的功能设在实体界面围合而成的公共区域中。整个平面布局没有明确的流线，空间没有顺序，也没有方向，有多种可能性，随时可以提供不同的空间使用形式。这一设计手法有效地避免了固定的建筑空间对儿童行为和智力开发的约束问题。

具有复合功能的楼梯

项目名称：美国宾夕法尼亚大学克里希纳·P. 辛格纳米技术中心
建筑设计：韦斯／曼弗雷迪建筑事务所（WEISS/MANFREDI
        Architects）
图片来源：http://www.archdaily.com

　　在该方案中，建筑师在门厅处设置与开敞楼梯并列
的台阶状休息与交流空间，改变了传统的做法——通过
台阶到达楼梯平台方可休息交流的模式。楼梯上设置多
个平台，人们上下楼的路程变得更长，通行的过程则被
分解为多个阶段，但人们可以随时在途中停下来休息或
与他人交流、讨论。楼梯的使用频率增加了，同时楼梯
上行人的多种行为则给大厅营造了活跃的气氛。

具有复合功能的双层楼梯

项目名称：美国纽约新学院中心大楼
建筑设计：SOM 建筑事务所
图片来源：http://www.archdaily.com

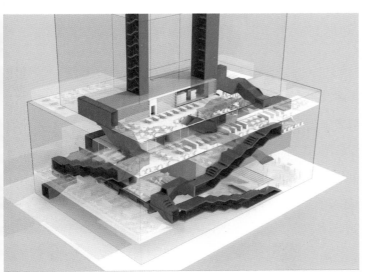

在 SOM 建筑事务所设计的纽约新学院中心大楼中，具有复合功能的双层楼梯是建筑设计的一大特色。该楼梯被设计成一个两层盒状空间：上层是慢行交通，与学习、娱乐等功能相复合，功能上实现扩展；下层是快速交通。

复合交通的设计关键是，交通空间能激发人的活动。活动的产生有两方面的因素：其一，空间尺度能满足人们开展活动的要求，空间能容纳较多的人。有人使用空间，自然就会产生活动，有活动发生，必然会吸引其他人的关注或参与。其二，空间具有鼓励人们在其中停留更长时间的特征。

具有复合功能的楼梯

项目名称：挪威尼克罗恩堡学校（Ny Krohnborg School）
建筑设计：Rambøll Norge 建筑事务所、Cubus AS 建筑组
图片来源：http://www.archdaily.com

在尼克罗恩堡学校建筑中，多种开放功能被复合到交通空间的楼梯上。楼梯平台被放大，它不仅只是连接台阶的休息平台，而且还是一个在空间尺度上能满足某种活动需求的场所。建筑师把碎化的功能垂直地"插入"贯穿整个建筑竖向空间的楼梯中，增加了交通行为的丰富性，并把功能空间与体验空间相融合。扩大的台阶可作为观众席，师生可在此休息，还可在此欣赏空间中不断上演的孩子们的丰富的行为活动。

具有复合功能的门厅

项目名称：美国麻省理工学院媒体实验室大楼
建筑设计：桢文彦
图片来源：http://archrecord.construction.com

门厅也是复合交通场所。作为交通枢纽，门厅除了解决基本的人流问题，还可以扩展一些其他功能，如接待、休息等。在麻省理工学院媒体实验室大楼里，门厅的功能被扩展，预留的空间可以办画展或举办学院的其他临时性展览活动。

1—下层中庭；2—西侧门厅；3—画廊；
4—实验室；5—接待室；6—机械工作室；
7—东侧门厅

首层平面图

共享空间功能的叠加

项目名称：丹麦技术大学生命科学与生物工程学院
建筑设计：克里斯坦森设计事务所（Christensen & Co Architects）
图片来源：http://christensenco.dk/eng

该建筑设计把学习、交往功能与中庭空间叠加、复合，根据不同功能对空间围合程度的需求，对界面形式加以变化，有玻璃墙面，还有部分实体墙面，既丰富了中庭的视觉效果，又强调了中庭的核心作用。

中庭屋顶的设计则延续了室内设计风格，形成空间延伸感，增强了空间的整体感。

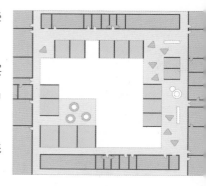

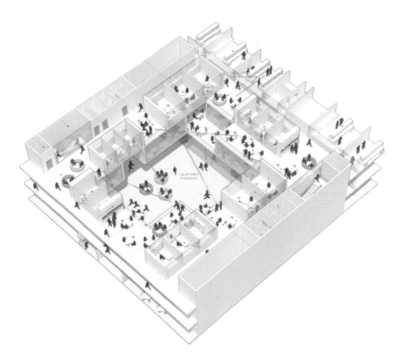

打破完整界面的"抽屉空间"

项目名称：丹麦哥本哈根信息技术大学教学楼
建筑设计：亨宁·拉森建筑事务所（Henning Larsen Architects）
图片来源：http://www.henninglarsen.com

该建筑整体布局呈 H 形，建筑中央设计了一个 20m 宽、60m 长、25m 高的中庭，特别之处在于设计了突出的类似抽屉的空间，打破了完整的中庭界面，形成一种空间咬合的关系。围绕中庭的主要是碎化的非正式学习空间。另外，"抽屉空间"沿着中庭长轴方向的界面使用了透明玻璃，与中庭尽端的玻璃相呼应，强化了空间的通透感。

利用中庭复合多种形式的学习空间

项目名称：英国伦敦经济学院新全球社会科学中心
建筑设计：罗杰斯建筑事务所（Rogers Stirk Harbour + Partners）
图片来源：http://www.archdaily.com

出于对空间使用需求多样性的考虑，建筑师把非正式的学校功能"碎化"成多种形式的学习单元并复合到中庭。便于公共交流的复合楼梯、悬挂的会议讨论室、多种隔断形式的小组研究室、普通的长桌学习空间以及复合型共享空间，使中庭空间成为一个形式和内容都十分丰富且开放的学习环境。

利用中庭形成透明的对角空间

项目名称：美国麻省理工学院媒体实验室大楼
建筑设计：桢文彦
图片来源：http://archrecord.construction.com

　　建筑师利用巧妙的中庭设计，在室内形成一个透明的对角空间。位于建筑中央的共享空间并不是从底层直通到顶层，而是通过一个中间夹层，把中庭分成上下两个部分。两个两层高的实验室位于建筑两侧，在建筑对角线方向上，透过中庭可以相视而望。这种在斜向视角保持透明性的设计手法，既可保证功能空间各有独立区域，又增强了处于不同功能空间的人的视觉交流。

　　该建筑物中的所有空间都便于师生间和学生间的交流，这满足了校方的要求。达到这一效果的方法，具体来说就是，营造透明空间，去除遮挡视线的墙壁，使人在任何地方都可以看到全景。媒体实验室主任弗兰克·莫斯对透明化的设计这样评价："视觉上的透明，代表了一种智力上的透明。"

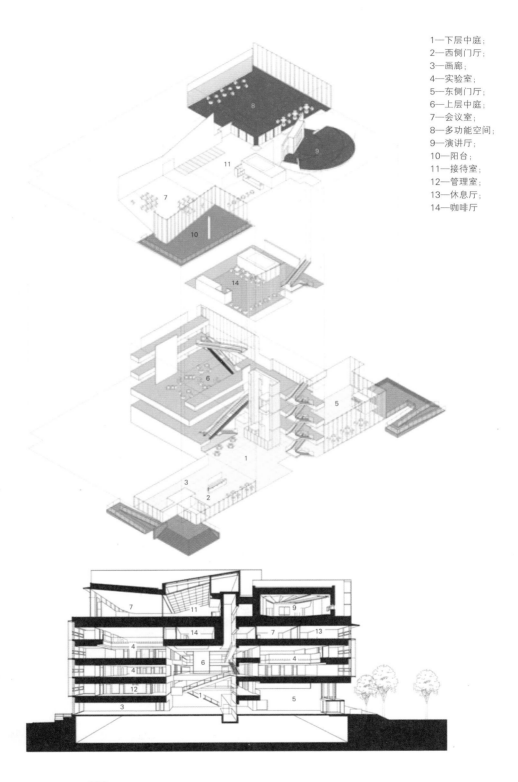

1—下层中庭；
2—西侧门厅；
3—画廊；
4—实验室；
5—东侧门厅；
6—上层中庭；
7—会议室；
8—多功能空间；
9—演讲厅；
10—阳台；
11—接待室；
12—管理室；
13—休息厅；
14—咖啡厅

藏在墙里的空间

项目名称：比利时特殊教育幼儿园
建筑设计：NL 建筑事务所
图片来源：http://www.nlarchitects.nl

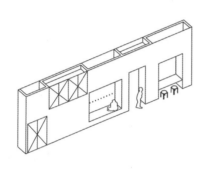

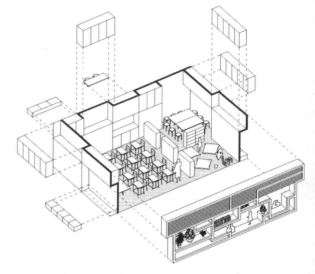

由 NL 建筑事务所设计的比利时特殊教育幼儿园方案，通过加大墙面的进深，将某些空间藏在了墙里。实现墙体功能扩展的方式主要有三种：其一，把实体墙面设计成博古架，高处作为陈列空间，低处可以当作学生的座椅；其二，外墙构架作为遮阳系统，有效过滤阳光，达到绿色建筑的要求；其三，在墙上设置壁龛空间，供储藏或幼儿娱乐使用。

藏在墙里的空间

项目名称：比利时克诺克－海斯特（Knokke-Heist）幼儿园
建筑设计：NL 建筑事务所
图片来源：http://www.nlarchitects.nl

在克诺克－海斯特幼儿园，建筑师有意将墙壁做厚，并在墙上挖出一些流动感十足的曲线形壁龛，形成幼儿玩耍空间。这一设计与幼儿的心理和行为相贴合，同时也丰富了空间形态。加宽的窗台则为人们提供了欣赏墙壁中儿童活动的视角，同时也给走廊空间增加了休息功能。

凸出在墙上的学习空间

项目名称：美国洛雷恩郡社区学院
建筑设计：佐佐木事务所（Sasaki Associates）
图片来源：http://www.archdaily.com

在这个洛雷恩郡社区学院方案中，建筑师在隔断墙上增加了一个条形的凸出空间，使用者可根据凸出部分的高度和宽度将其作为桌子或椅子使用。墙面采用玻璃材质，可以作为简易黑板使用，既节约了空间，同时也促进了学生之间的交流。

投影在墙上的屏幕

项目名称：澳大利亚诺克斯创新中心（上图）
建筑设计：伍兹·贝格建筑事务所（Woods Bagot Architects）
图片来源：http://www.woodsbagot.com

项目名称：美国亨利·W. 布洛赫管理学院（Henry W. Bloch School）行政教学楼（下图）
建筑设计：BNIM 建筑师事务所、Moore Ruble Yudel
图片来源：http://www.woodsbagot.com

信息化技术的发展对教学方式产生了很大的影响，多媒体应用技术、数字显示屏等逐渐成为教学建筑界面功能复合的重要因素。在诺克斯创新中心和亨利·W. 布洛赫行政教学楼中，虚拟多媒体技术与墙面相复合，使传统的墙面有了多元使用方式。墙体成为信息载体，提高了空间的多功能性和适用性。

一面是"春天"，一面是"秋天"

项目名称：西班牙马丁特小学（Martinet Primary School）
建筑设计：Mestura 建筑事务所
图片来源：http://www.gooood.hk

位于西班牙的马丁特小学教学楼最具特色的是其视觉效果突出的外表皮。它是建筑的绿色遮阳系统，由两种规格的瓷砖垂直交接而成。瓷砖向两侧倾斜，从不同角度看，呈现不同的色彩。向西可以看见"春天"，向东可以看见"秋天"。

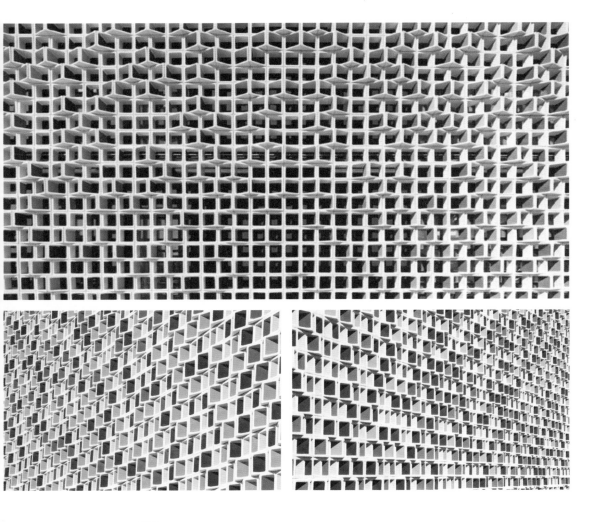

03

通过"组织方式"实现空间复合

　　教育综合体中的空间复合更强调一种系统性、全局性的设计策略。空间的复合方式不再局限于以往的单一方式，而是强调多种方式综合运用。复合性的空间组织方式也不是以往单一的组织方式，更不是多种组织方式的堆砌，而是在不同组织方式之间建立一种可以形成空间层次和序列的关联。下面探讨如何以最佳的形式将这种复合的作用发挥到最大限度，以形成一种多元的学习环境，激发和容纳更多的活动，最终形成一种复合的空间模式。

单核弯曲的螺旋组织

项目名称：丹麦法罗群岛教育中心
建筑设计：BIG 建筑事务所
图片来源：http://www.archdaily.com

　　该建筑设计手法是，通过每一层体块的弯曲、叠加、形成一个围合的共享空间。该空间在地面层结合倾斜的地形，形成一个建筑与自然融合的活动庭院。在垂直方向，呈螺旋状上升的交通楼梯将立体分布的不同功能聚合在一起。这种内部聚合、外部离散的形式既有利于各学院之间的相互交流，同时也为各学院保留了各自独立的空间。

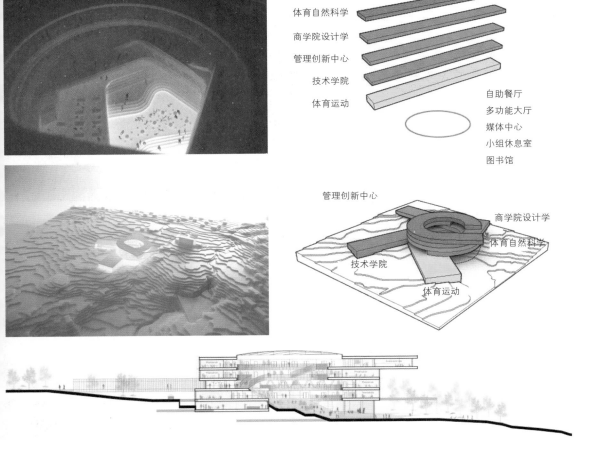

体育自然科学

商学院设计学

管理创新中心

技术学院

体育运动

自助餐厅
多功能大厅
媒体中心
小组休息室
图书馆

管理创新中心

商学院设计学

体育自然科学

技术学院

体育运动

单核环形螺旋组织

项目名称：英国牛津大学布拉瓦尼克政治学院
建筑设计：赫尔佐格和德梅隆
图片来源：http://www.archdaily.com

该建筑利用螺旋上升的坡道组织各层的功能。坡道从地面升高，直达顶部。

建筑内部中心位置是贯穿每层楼的公共空间，这一空间使建筑内部成为一个开放、宽敞又彼此相连的整体。中庭充分引入自然光，使空间更明亮。越往上，中庭的半径越小，加强了空间上升的趋势，形成一种有意味的论坛空间。一些或开放或封闭的教学空间沿着楼梯灵活布置，展览、小型研讨会、会议或其他社交活动都可以在这里开展和进行。螺旋上升的空间具有视觉上的延伸性，其他空间紧密围绕中庭这一核心，具有向心性和连贯性。

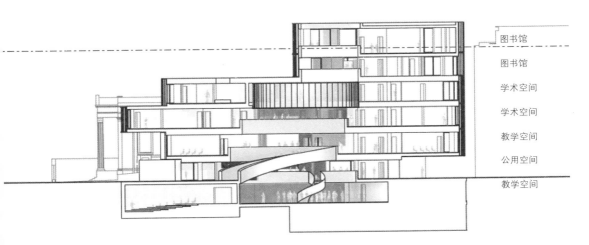

图书馆

图书馆

学术空间

学术空间

教学空间

公用空间

教学空间

由于学院周边有历史保护建筑，建筑师运用了与周边建筑、环境呼应的矩形和圆形设计元素，并通过逐层后退、偏移的建筑形态，表达学院向校园规划中心聚拢的倾向，也强调了该建筑与校园其他建筑的联系。

双核立体螺旋组织

项目名称：比利时根特大学社会研究学院大楼
建筑设计：SADAR + VUGA 建筑设计事务所
图片来源：http://www.archdaily.com

该建筑摒弃了集中单核中庭，设置了双核中庭，两个中庭有一定间距，扩大了中庭横向的长度，有效解决了一个中庭辐射范围有限的问题。对应地，交通方式也改为环绕两个中庭的立体螺旋形坡道。两个坡道在水平方向上形成视线交流，在垂直方向上贯通建筑内部所有楼层。

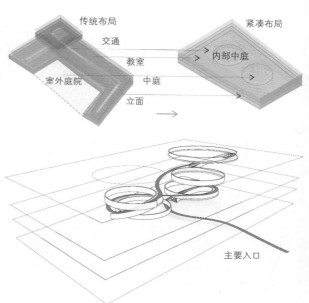

网格型平面中的单核螺旋组织

项目名称：美国爱荷华大学新视觉艺术学院
建筑设计：史蒂文·霍尔建筑事务所（Steven Holl Architects）
图片来源：http://www.archdaily.com

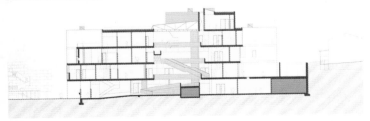

该建筑的平面呈网格形，螺旋形坡道围绕中庭将各层功能联系在一起。建筑入口处的地面标高比首层其他空间的地面标高低。入口与首层空间通过坡道相连。室外与室内连通，形成漫游式空间。这种空间组织方式，打破了网格型平面的均质感，使空间具有雕塑感，并增强了使用者行为的连续性。

方格网下的超级城市实验室

项目名称：法国萨克雷中央理工学院
建筑设计：大都会建筑事务所（OMA）
图片来源：http://www.archdaily.com

该建筑设计运用网格划分的城市化手法创建了一个"超级学院的城市实验室"。建筑师对城市生活和学院建筑进行整合，改变了常规学校给人的匀质化的教学体验，创造了一种多学科相互融合、相互联系的学习环境。

设计保留了基地原有的横向道路关系，纵向道路将地块6等分，横向和纵向道路构成建筑的网格体系。一条斜向的道路将建筑与城市连接，并增加了空间的使用频率。

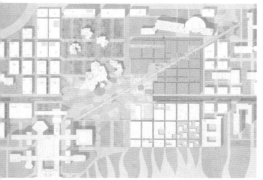
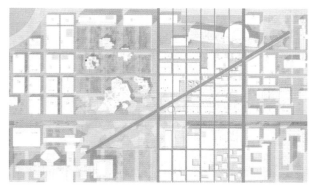

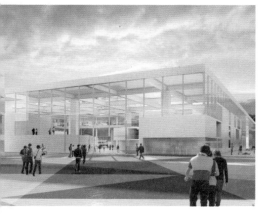

这种设计手法可形成以下优势：

• 立面效果下虚上实。建筑立面上层为实体界面，下层是通透的界面，上下形成对比。

• 建筑功能下实上虚。建筑顶层是显性网格，底层是由实体围合的隐性网格，且顶层网格密度比底层的增加一倍，形成一种视觉紧凑感。

• 建筑内部各个体块呈现一种堆叠的空间状态，错动的屋顶可作为使用者相互交流的室外活动平台。内部空间形成一种立体的网格系统。

• 通过屋顶的聚合方式组织分解的功能体，将原本属于建筑外的功能空间纳入到建筑内部，创造了一种空间中的空间。

菱形网格下的模块组合

项目名称：芬兰阿尔托大学奥塔涅米校园艺术大楼
建筑设计：Verstas 建筑事务所
图片来源：http://www.archdaily.com

该设计考虑了周边原有的建筑，从项目所处的整体环境中确立了两条方向不同的控制线，以此形成网格体系。连续形体在网格交接位置断开，形成一种相似的模块组合，化整为散，功能碎化，创造了多种形态，还可灵活地适应基地地形，同时也便于对建筑功能进行组合。集中的屋顶将建筑实体与中庭空间整合在一起。建筑师运用菱形网格体系对功能进行整体分区，使建筑的基地面积扩大，从而减小了建筑的体量，再加上功能碎化手法，使得这栋新建筑在尺度上与周边原有建筑和环境相协调。

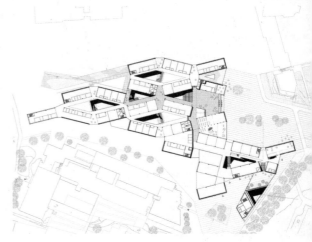

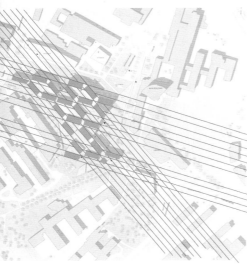

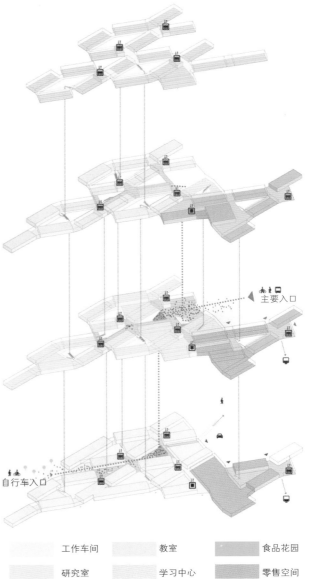

主要入口

自行车入口

	工作车间		教室		食品花园
	研究室		学习中心		零售空间
	办公室				

利用建筑形态抽象模拟自然现象

项目名称：土耳其灾难预防与教育中心
建筑设计：109 建筑事务所
图片来源：http://www.archdaily.com

该设计方案运用了网格聚合式设计策略。建筑形态抽象地模拟了地震这一自然现象。在靠近功能体块的位置，网格机理是较大的组合，随着距离的增大，向边缘逐渐碎化。该建筑的形态还表达了现代信息网络化传递的理念，强调不同功能空间之间的便捷联系。

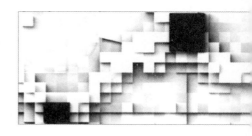

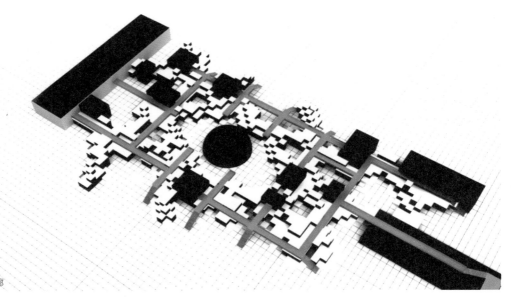

高架式人行走廊

04

通过"设计单一元素"强化空间复合

作为公共建筑的一种类型，教育建筑也是由多种空间元素组成的。复合空间注重功能结构关系和整体性原则。有针对性地设计某一元素，改变其惯有的形式印象，强化其在空间中的地位，从而创造新的空间形式，这也是一种空间复合的手法。设计单一元素的策略在于，用该元素来带动和激发其他空间进行空间复合，从而产生不同凡响的空间效果。

将交通空间分离成一个与功能体并置的体量

项目名称：中国上海嘉定新区幼儿园
建筑设计：大舍建筑设计事务所
图片来源：http://arch.liwai.com

上海嘉定新区幼儿园教学楼的设计，是将交通空间分离成一个单独的体量，中间的室外庭院形成与教室主体建筑并置的关系，以此来强化交通功能。在这个分离的体量中，一个平缓、连续的坡道联系着入口空间和主体教室，这是儿童进入教室的必经之路。这个被刻意放大的空间超越了日常的空间体验。两个体量的相互分离，使得建筑的逻辑性更为纯粹，利于儿童对游戏空间和教学空间的识别和理解。

嵌入无界面的虚空间

项目名称：丹麦 VUC Syd 教育中心
建筑设计：AART 建筑事务所、ZENI 建筑事务所
图片来源：http://www.archdaily.com

该教育中心的设计通过在中庭嵌入一个无界面的虚空间来强化整个建筑共享空间的中心感。虚空间四周没有围护界面，而是通往各层的楼梯和平台。这些楼梯和平台构成了独立而完整的交通流线，使中庭不依附于其他功能而独立地存在。这种无界面的虚空间减弱了自身的空间特征，扩大了空间之间的联系。而空间自身的完整性和独立性促进了不同位置的可达性，增加了行为路径，扩大了相互楼层的联系，并激发多种行为的发生。

STAFF　职员办公
LANGUAGE　语言系
CULTURE　文化系
SCIENCE　科学系
PUBLIC　公共空间
TECHNIQUE / SPORT / PARKING　实训空间 / 运动 / 停车空间

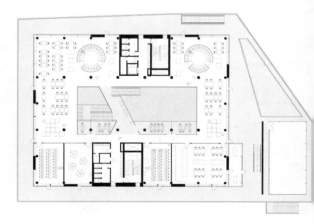

嵌入半透明的异形体

项目名称：美国库伯联盟学院
建筑设计：摩弗西斯建筑事务所（Morphosis Architects）
图片来源：http://www.archdaily.com

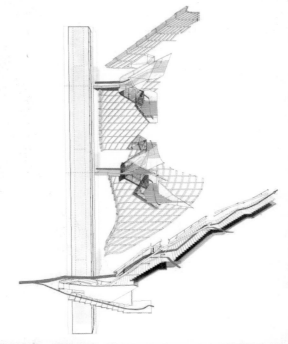

该建筑内部设置了一个垂直广场，用来强化交通空间。垂直广场起到两个方面的作用：一方面，组织相对独立的学院；另一方面，创造富有个性的可以供集体交流和学习的空间。建筑重新定义了交通空间，将楼梯作为一个学术空间。建筑内部空间整体上分为两部分：1～4层为宽敞的大台阶，可以作为临时会议、学生聚会、演讲和交流讨论的场所；5～9层是横跨建筑两端的通廊，联系周边的其他功能。为鼓励师生使用这个中央公共空间，教学楼的主要电梯只在一、五、八层停留。次要电梯位于内部，每层都停，用来满足特殊需求和运送材料设备等。

强化交通空间主要表现在两个方面：一方面，加大交通空间的体量，复合其他功能；另一方面，把一个异形空间嵌入正常空间中，增强其识别性，如采用界面半透明的格网材质。这样，既保证了不同空间领域的独立性，又强调了空间的相互联系。

创造新的空间体验

项目名称：荷兰 MBO 学院北校区
建筑设计：波顿·哈姆费尔特建筑事务所（Burton Hamfelt Architectuur）
图片来源：http://www.archdaily.com

MBO 学院北校区教学大楼是容纳两个学院的一个教学综合体。设计的目标是：既保证两个学院拥有各自独立的教学区域，同时又促进学院间的交流。建筑师巧妙地用两部交叉的双跑楼梯将两个学院隔层交错布置。这种特殊的室内交通组织设计，打破了传统的功能分区原则，创造出一种新的空间体验，既满足了功能的需求，也增加了空间的趣味性。

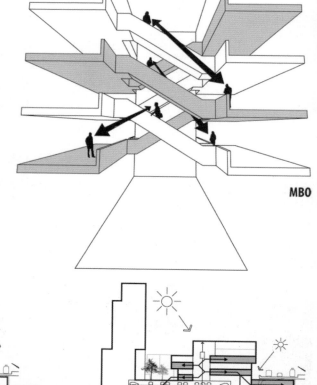

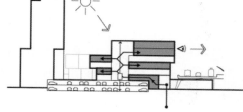

利用交通空间组织建筑形体

项目名称：德国阿克塞尔·施普林格校园新媒体中心
建筑设计：BIG 建筑事务所
图片来源：http://www.gooood.hk

　　该建筑的主要特点是，利用交通空间组织建筑形体。建筑内部设置了一个从一层盘旋上升至建筑顶层的大型阶梯同时，它也是一个连续的大型阳台。它贯穿所有楼层，并尽可能地达到透明，在视觉上与城市建立最广泛的联系。

　　这个螺旋形的连续阶梯成为思想交流的场所，每层楼都与庭院、露台或者室外花园相连，每个工作区都能充分地享受阳光和空气。

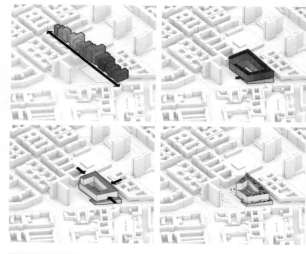

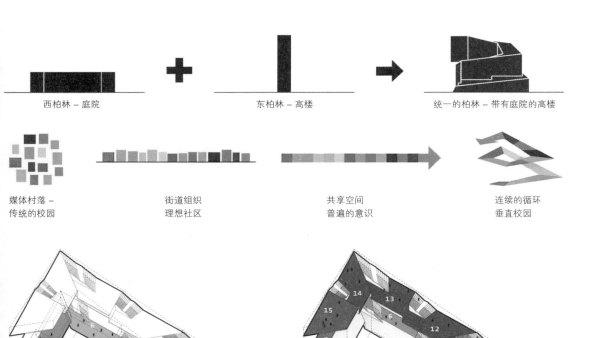

西柏林 – 庭院　　　　　　　东柏林 – 高楼　　　　　　　统一的柏林 – 带有庭院的高楼

媒体村落 –　　　　　　　街道组织　　　　　　　共享空间　　　　　　　连续的循环
传统的校园　　　　　　　理想社区　　　　　　　普遍的意识　　　　　　垂直校园

1—就餐空间、咖啡厅；2—功能房间；3—合作空间；
4 ~ 8—功能房间

1—入口平台；2—休闲空间；3—阅读花园；4—啤酒花园；
5—运动场；6—等候室；7—海滩露台；8—咖啡舞台；
9—迷你高尔夫；10—烧烤区；11—工作平台；12—阳台；
13—会议室；14—餐馆；15—观景平台

博物馆中的学校

项目名称：西班牙拉科鲁尼亚艺术中心（La Coruña Center For The Arts）
建筑设计：Acebo Xalonso 工作室
图片来源：http://www.gooood.hk

该建筑设计使用一个混凝土体块切分空间，混凝土体块内部是一所舞蹈学校，外部则是一个博物馆，形成一种舞蹈学校与博物馆共存的状态。两个不同类型的功能被巧妙地融合在一个建筑里。

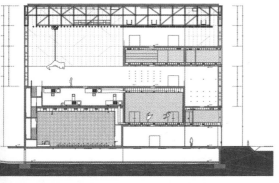
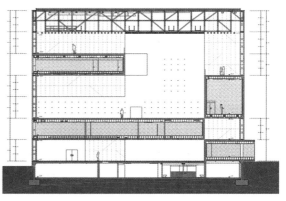

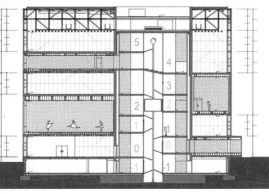
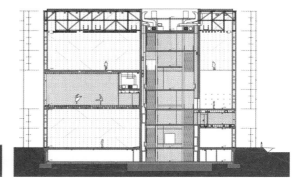

突出新建建筑与周边建筑的关系

项目名称：丹麦技术大学生命科学与生物工程学院
建筑设计：克里斯坦森设计事务所（Christensen & Co Architects）
图片来源：http://christensenco.dk/eng

设计委托方要求建筑师在原有的五栋板楼基础上改建或新建学院建筑，竞赛中标者的设计方案保留了原有建筑的第一栋和最后一栋，在两栋建筑之间新建了一个集中式公共活动综合体，并利用连廊将新老建筑联系在一起，突出了新建建筑与周边环境的关系。新建建筑借鉴了原有建筑的肌理。新建筑中植入了多个绿色庭院，通过网格型的空间布局，将多个学院联系并整合在一起，更好地与老建筑融合。

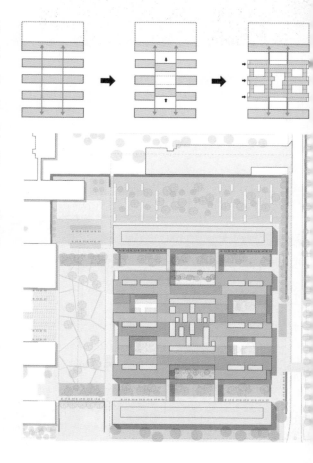

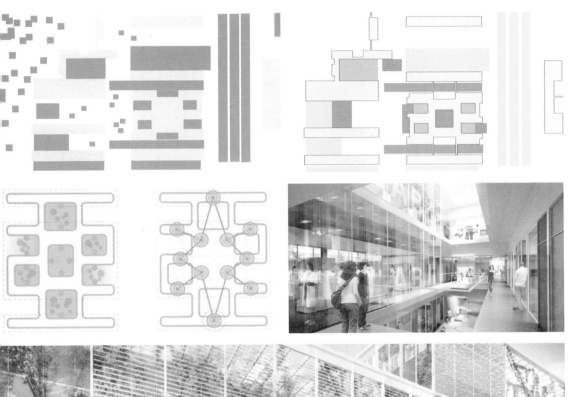

通过廊桥加强新旧建筑的联系

项目名称：加拿大瑞尔森大学学生学习中心
建筑设计：蔡德勒建筑师事务所（Zeidler Partnership Architects）、
　　　　　斯诺赫塔建筑事务所（Snøhetta）
图片来源：http://www.archdaily.cn

　　该建筑通过廊桥与原有的图书馆大楼相连接，形成两个不同的空间形态。学生学习中心建筑提供了多样的具有创造性的启发人心的学习环境和空间。每一层都设置了独立的私人空间。灵活设置家具和露台，形成一些开放、具有说明性的空间，和一些布局紧实、适宜4～8人进行小组学习的密闭空间。

　　建筑入口处设计成架空的高挑空间，形成一个形态丰富的广场，吸引着人流。

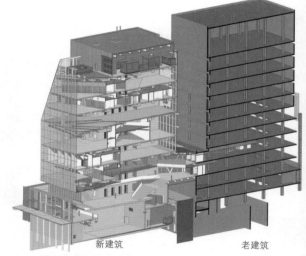

新建筑　　　　　　　　　　老建筑

通过新加建筑层来联系新老建筑

项目名称：美国康奈尔大学米尔斯坦大厅
建筑设计：大都会建筑事务所（OMA）
图片来源：http://www.archdaily.cn

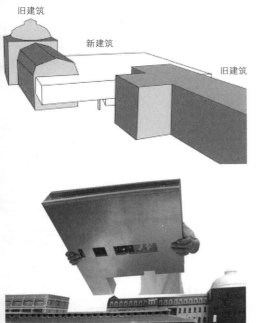

旧建筑

新建筑

旧建筑

　　建筑师利用由混合桁架结构支撑的两个巨大的悬臂结构，设计了一个新的连接大厅，把原本独立的两个旧建筑连接在一起，既方便了师生使用和交流互动，又重新定义了两个已有建筑的功能。

　　新建筑的设计在功能、流线上，力求与老建筑完美结合，在结构、材料的使用上却"我行我素"，力求真实自然，最终形成了委托方期望中的新旧并置。

利用公共空间的裙房创造相互关系

项目名称：中国香港珠海学院新校区
建筑设计：MVRDV 建筑事务所
图片来源：http://www.zhulong.com

建筑师在建筑底层裙房设计了相互连通的公共空间（一个看上去起伏波动的环形空间），将上部的建筑单体联系起来。该设计的出发点是为了探讨和强调在一个教育综合体中如何处理不同学院之间的关系——既保证每个学科的独特性，又能建立彼此间的联系。

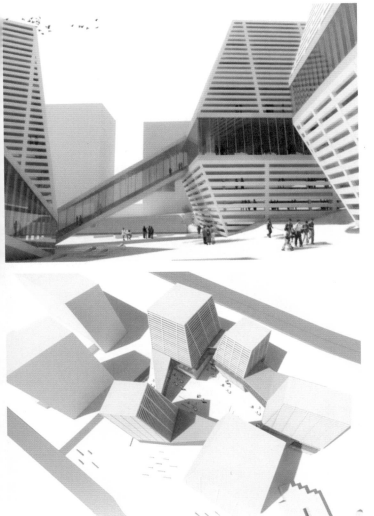

根据学院关系紧密程度的不同，连接通道的宽度也有所变化，建筑的关系与建筑功能所需求的关系形成一一对应的效果。在起伏的裙房下，是与中心庭院相连的入口空间。围合的共享庭院促进不同学科之间的户外交流。建筑上部的体量保证了每个学院的独立性。

通过公共空间来联系相互独立的建筑单体，公共空间的位置是可以灵活设置的，可以是底层，可以是中间层，也可以是顶层。该学校的设计借鉴了商业综合体的设计思路。

利用统一的屋顶创造相互联系

项目名称：意大利都灵大学法律和政治学院教学楼
建筑设计：马可·威斯康蒂（Marco Visconti）、
　　　　　福斯特建筑事务所（Foster + Partners）
图片来源：http://www.archdaily.com

都灵大学法律和政治学院教学楼与北面的图书馆和南面的法律政治科学大楼通过一个出檐深远的屋顶相连。这个屋顶将七个独立的建筑体块联系成一个整体。分散的七个建筑体块在底层打破连续界面，削弱建筑的尺度感，既保证了各自功能的相对独立，同时又创造了一个与中央庭院相联系的入口空间。屋顶深远的出檐对内形成一种灰空间，在中央区域围合而成的圆形形成一种聚拢感，也暗示了多种学科之间的融合；对外形成的空间使建筑与城市之间构成一种渗透关系。部分城市空间被包含在建筑内部，学校不再是孤立地存在着，而是与城市发生联系。

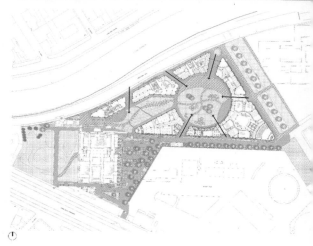

利用统一的屋顶组织教学空间

项目名称：俄罗斯智能学校教育综合体
建筑设计：CEBRA 建筑事务所
图片来源：http://www.archdaily.cn

建筑师利用高低起伏的屋顶把整个校园统一为一个整体。屋顶覆盖的环形建筑空间与其围合的中心自然景观相融合，呈现了一系列学习、娱乐、沟通交流的趣味空间。

设计将建筑和景观集成在一起，并通过一个巨型环脊屋顶把一座座独立的建筑连接成一个环形综合体。在这个屋顶下面，建筑之间的室外空间可以作为学习区域、活动区域和通行区域。所有这些区域中的活动都可以延伸扩散到地块中央及外部景观区域。

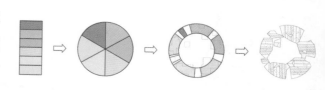

具有线性结构系统的圆形集聚体

项目名称：俄罗斯大学规划项目
建筑设计：赫尔佐格和德梅隆
图片来源：http://www.iarch.cn

该校园规划试图为俄罗斯的乡村空间创建一种新的类型。建筑师通过整合折中主义和复合功能来鼓励人们研究、生产和消费具有时代性的建筑。建筑的形态具有集成性和包容性，建筑内部设计注重鼓励公民学习。

利用屋顶表皮保留原有街道空间

项目名称：法国特鲁瓦商学院
建筑设计：SCAU 建筑事务所
图片来源：http://www.archdaily.com

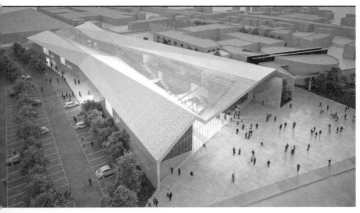

该建筑设计利用一个屋顶把原本分离的两个建筑单体统一成一个整体，既保留了现存的街道，加强了两个建筑之间的联系，还创造了多元化的空间形态。

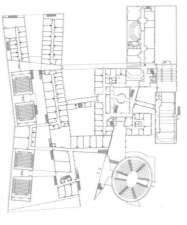

利用 A 字形建筑形体强化关系

项目名称：意大利博科尼大学校园竞赛方案
建筑设计：大都会建筑事务所（OMA）
图片来源：http://www.archdaily.com

    OMA 设计的博科尼大学校园建筑方案，试图通过两个板状楼体自身的变化，强调相互之间的关系。两个楼体相互倾斜靠近，形成字母"A"的形态，这一设计手法夸大了两栋楼之间的空间亲密性，同时也强化了纵向室外景观空间的联系、增强了横向建筑功能之间的联系。

利用折叠上升的连接空间强化关系

项目名称：中国香港珠海学院
建筑设计：大都会建筑事务所（OMA）
图片来源：http://www.archdaily.com

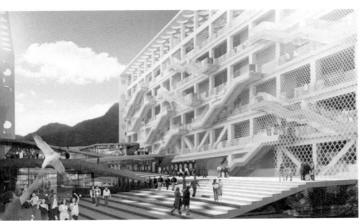

该教学楼由两幢平行的主体板楼和连接两幢板楼的折叠式空间组成。板楼内主要设置普通教室和办公室等；折叠式空间由"之"字形阶梯构成，阶梯上面是连接两栋板楼的交流空间，阶梯下面是公共功能用房。两幢平行板楼为新校园建筑综合体提供了明确的几何特征，而连接它们的折叠式空间则提供了一个模糊、交错的多样化平台，形成室外观景空间。同时，这种折叠上升的建筑形态也呼应了背山面水的环境特征。

突出选择性

项目名称：德国埃森关税同盟设计与管理学院
建筑设计：妹岛和世与西泽立卫建筑事务所（SANAA）
图片来源：http://www.zhulong.com

在德国埃森关税同盟设计与管理学院的建筑布局中，建筑师将辅助空间与交通空间集聚到三个核心筒中，通过这三个核心筒对空间进行大、中、小的限定，其余空间用家具、隔断进行限定。

核心筒起到支承楼板的作用，它替代了传统建筑中的柱网，平面空间因此具有更好的开放性和流动性。这种设计提高了空间的适应性，更为人性化，使用者可根据需求进行空间选择并参与到设计中来。

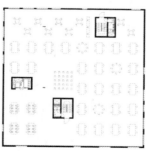

二层平面图

四层平面图

根据使用需求，改变空间呈现的状态

项目名称：丹麦 VUC Syd 教育中心
建筑设计：AART 建筑事务所、ZENI 建筑事务所
图片来源：http://www.gooood.hk

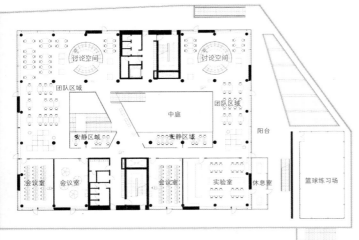

由 AART 建 筑 事 务 所 和 ZENI 建筑事务所设计的 VUC Syd 教育中心为了满足多样化的教学方式，没有布置传统形式的教室，而是借入周边景色，布置了开放的学习环境，利用家具形成不同围合程度的空间领域（有的适合对话、讨论，有的安静、隔声），公共学习空间则留给使用者去灵活布置。这种开放、宽敞、可变化的空间取代了以往规整生硬的教室，没有固定墙壁的开放性教室，可以根据教学内容的变化随时进行调整。

构成空间框架的圆桶形教室

项目名称：美国耶鲁大学常春藤联盟学校管理学院
建筑设计：福斯特建筑事务所（Foster + Partners）
图片来源：http://www.archdaily.com

在常春藤联盟学校管理学院建筑中，建筑师设计了 16 个两层高的圆桶形教室作为校园院落的框架。桶形体块的内部是适合不同课程教学的教室，配有一流的视听和多媒体设备。椭圆形作为教室的母题，界面厚度不是均匀的，而是一个由内外墙线共同控制所形成的宽度不一的腔体空间。

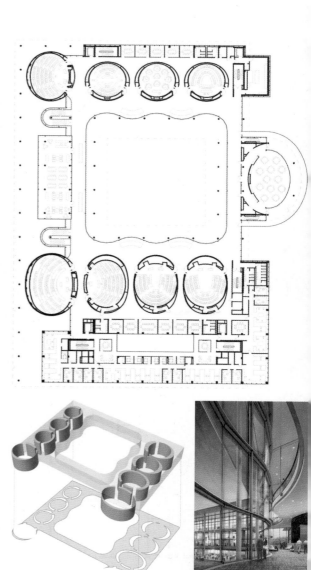

　　教室是通过椭圆的长轴方向尺度变化以及长轴位置的变换所形成的；这个腔体空间间距较大的地方用作楼梯间及辅助空间，间距逐渐变小有些地方只有一层用作玻璃材质。建筑设计非常注重公共空间，波浪形的玻璃环廊将16个圆桶形教室连接在一起，构成公共空间。学生们课间可在此进行交流，开展合作。

墙面扭曲产生豆荚形教室空间

项目名称：美国纽约红牛音乐学院
建筑设计：INABA 建筑事务所
图片来源：http://www.archdaily.com

在纽约红牛音乐学院中，建筑师也用生动多样的墙创建了一个个独特的豆荚形教室空间。豆荚形教室的内部被设计成个性化十足的空间。多个教室组合，产生新的公共空间。建筑师在传统直线型走廊的基础上，创造了一些有差异的空间节点，使交通空间的功能变得多元化。每个教室都开有朝向不一的洞口和窗户，这使整个空间变得透明。行为可视，增加了空间发生复合的可能性。

串联学校功能的伞状屋顶

项目名称：意大利博科尼大学校园整体规划
建筑设计：大都会建筑事务所（OMA）
图片来源：http://www.archdaily.com

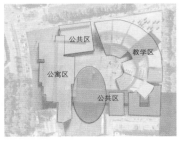

这是一个集公寓、教学、体育、娱乐等功能为一体的教育综合体，设计亮点是其伞状屋顶结构。伞状金属屋顶结构把整个学校的教学楼、公寓楼以及公共设施、附属建筑全部串联起来，形成统一的整体。

伞状屋顶隐藏在一个规整的方格网中，屋顶形态多样，但均抽象自校园原有建筑形态。有了这个屋顶各功能建筑围合的中央空间以及室外活动平台就成为一个灰空间，这个空间具有遮挡夏日阳光和冬日阴雨的功能。

系统定制的模块屋顶

项目名称：澳大利亚堪培拉大学教学楼
建筑设计：查尔斯·德万托（Charles Dewanto）
图片来源：http://www.archdaily.com

在该方案中，建筑师在学校原有老建筑之间的公共连接区域，构建了一个整体式的结构体系，并对露天广场及其上部空间加以利用，设计成新型学习空间。这一空间是整个片区的活力中心。

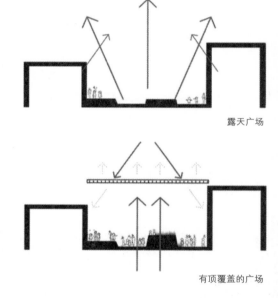

露天广场

有顶覆盖的广场

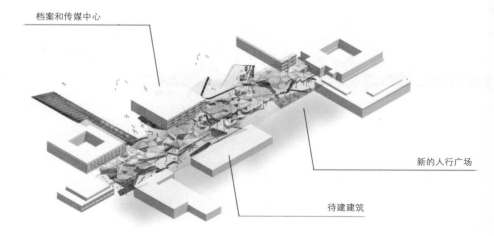

档案和传媒中心

新的人行广场

待建建筑

屋顶框架体系具有可变性，支持未来可能进行的改变及系统定制。天花板和地板上设有轨道，屋面可进行模块式的安装，这极大地提高了空间的灵活性。在这个框架体系中，设有与学习相关的交流和讨论空间，也配有与生活娱乐相关的公共设施。已有的档案媒体中心、预留发展的建筑中心，通过屋顶形成一个整体。该屋顶既可以遮风挡雨，也可以提高空间的利用率。

划分空间的半围合 L 形墙

项目名称：日本宇土市立宇土小学
建筑设计：小岛一浩、赤松佳珠子
图片来源：https://www.google.com.hk

建筑师通过半围合的 L 形墙体对空间进行分割，形成一个个小的开放的教室空间。这些教室与周边的植物组合，又形成一个个半围合的树下教学空间。

L 形墙体一方面起到结构的支撑作用，另一方面起到划分空间的作用。这些墙体一部分是实体墙，一部分是设有管道井和书包架的功能墙。整个空间的划分均处于一种开放的状态。该设计也是对教育理念的一种探索。

平行的"书架"结构

项目名称：日本共爱学园前桥国际大学 4 号馆
建筑设计：乾久美子
图片来源：http://www.inuiuni.com

该扩建项目主要是通过一系列平行的"书架"结构来组织功能，实现空间的复合。

日本建筑师乾久美子运用不同间距的"墙柱"来划分空间，打破传统严格清晰的功能分区，使空间变得模糊、暧昧。在这种空间里，使用者学习或教授都感觉放松、舒服。规整的几何平面削弱了空间的复杂性。卫生间、楼梯等辅助空间构成的体量，与开放空间共同形成蒙德里安作品般的色块。正如乾久美子自己所说："建筑不能只是表达理性和功能，还应该是一种生活的表达，一更微妙和动态、模糊和多层次。"

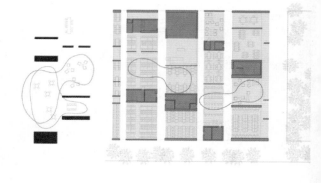

通过同一形态不同尺度的元素组织空间

项目名称：以色列马特 Efal 教育校园
建筑设计：ShaGa 工作室、奥尔巴赫－哈勒维建筑事务所
　　　　　（Auerbach-Halevy Architects）、奥里·里
　　　　　伯格（Ori Rittenberg）
图片来源：http://www.archdaily.cn

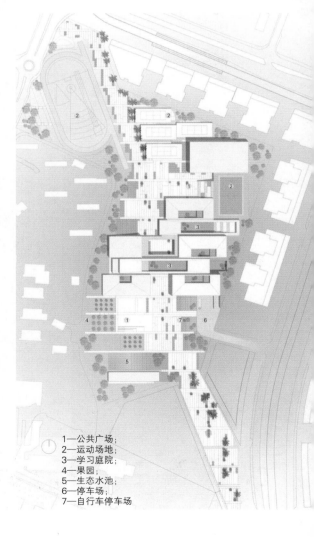

在该建筑中，建筑师运用同一形态、不同尺度的元素组织建筑空间。每个元素都含有齐全的功能，既可以独立存在，也可与其他元素相联系。整体中富含开放性。

1—公共广场；
2—运动场地；
3—学习庭院；
4—果园；
5—生态水池；
6—停车场；
7—自行车停车场

建筑阴影变化

建筑朝向

屋顶雨水收集

集中绿化

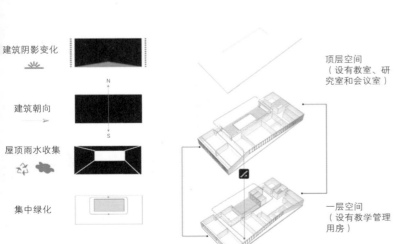

顶层空间
（设有教室、研
究室和会议室）

一层空间
（设有教学管理
用房）

同一空间结构衍生的不同尺度

项目名称：日本七滨小学和初中结合部
建筑设计：乾久美子
图片来源：http://www.inuiuni.com

在七滨小学和初中结合部设计中，日本建筑师乾久美子运用了不同尺度的同一种空间结构来组织教学空间。四个角柱支撑一个平顶，是一个构件体系，它对空间起到限定的作用。构件尺度不一，各有不同作用。尺寸大的，作为教室的界面；小一点的作为教学的桌子；更小一点的还可以作为室外景观台阶。

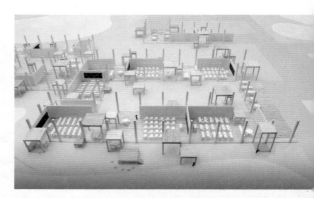

相似构件的重复使用，使空间具有整体性和连续性。该构件组团式的布局也赋予空间一种生长感。向外延伸的小构件，则产生了一种室内外空间流动的倾向性。

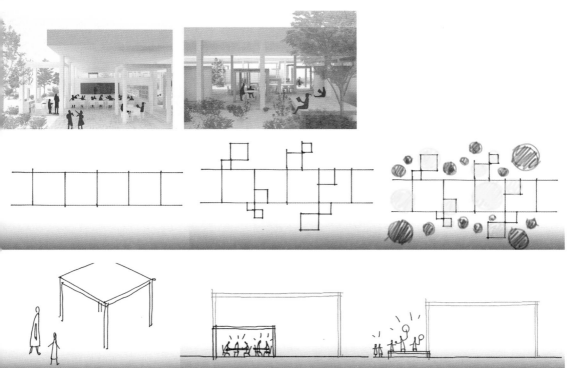

内 容 提 要

本书针对大量有特色的教育综合体案例进行分析整理，对教育综合体和复合化设计的内涵以及特征进行相关的界定，总结出相关的复合化学校的设计策略。本书从功能复合和空间复合两个方面对教育综合体的设计策略进行具体研究。在空间复合的设计策略层面主要以组织策略、设计策略以及影响因素三个策略进行层层递进的研究。最后，进一步结合我国教育建筑的发展趋势，提出研究教育综合体的复合化设计策略。

本书可供建筑师、高等院校建筑专业师生、建筑学爱好者阅读使用。

图书在版编目（ＣＩＰ）数据

非标准学校 ： 当代复合式学校建筑"非常规构想" /
边彩霞编著. -- 北京 ： 中国水利水电出版社，2018.1
（非标准建筑笔记 / 赵劲松主编）
ISBN 978-7-5170-5880-9

Ⅰ．①非… Ⅱ．①边… Ⅲ．①教育建筑－建筑设计
Ⅳ．①TU244

中国版本图书馆CIP数据核字(2017)第235840号

书　　名	非标准建筑笔记 非标准学校——当代复合式学校建筑"非常规构想" FEIBIAOZHUN XUEXIAO——DANGDAI FUHE SHI XUEXIAO JIANZHU "FEICHANGGUI GOUXIANG"
作　　者	丛书主编　赵劲松 边彩霞　编著
出版发行	中国水利水电出版社 (北京市海淀区玉渊潭南路1号D座　100038) 网址: www.waterpub.com.cn E-mail: sales@waterpub.com.cn 电话: (010) 68367658 (营销中心)
经　　售	北京科水图书销售中心 (零售) 电话: (010) 88383994、63202643、68545874 全国各地新华书店和相关出版物销售网点
排　　版	北京时代澄宇科技有限公司
印　　刷	北京科信印刷有限公司
规　　格	170mm×240mm　16开本　7.75印张　119千字
版　　次	2018年1月第1版　2018年1月第1次印刷
印　　数	0001—3000册
定　　价	45.00元